Little Horses

Sabine Stuewer
Claudia Körner

Müller Rüschlikon

Einbandgestaltung: Kornelia Erlewein

Titelbild: Sabine Stuewer

Fotos: Sabine Stuewer,
www.stuewer-tierfoto.de

Die Texte wurden von Claudia Körner erstellt.

ISBN 978-3-275-01848-2

Postfach 103743, 70032 Stuttgart
Ein Unternehmen der Paul Pietsch Verlage GmbH & Co. KG
Lizenznehmer der Bucheli Verlags AG, Baarerstr. 43, CH-6304 Zug

1. Auflage 2012

Sie finden uns im Internet unter www.mueller-rueschlikon-verlag.de

Lektorat: Claudia König
Innengestaltung: Kornelia Erlewein
Druck und Bindung: LEGO s.p.A., 36100 Vicenza
Printed in Italy

Ein Fohlen ist ein junges Pferd und ...

... kann schon wenige Minuten nach der Geburt aufstehen und bei der Mutter trinken

... hat ein wunderbar kuscheliges und dichtes Babyfell

... hat große Augen, Ohren und lange Tasthaare

... macht schon kurz nach der Geburt kleine Galoppsprünge und bleibt dicht bei der Mutter

... muss alle paar Stunden leckere Muttermilch trinken

... erholt sich in langen Schlafphasen

... erwacht bei Gefahr und kann blitzschnell aufspringen und losrennen

... kann schon mit den kleinen Milchschneidezähnchen Grashalme zupfen

... beknabbert viele Dinge auf der Wiese, mit Vorliebe seine Mama und manchmal zwickt es auch den Menschen

... ist am liebsten in Gesellschaft anderer Fohlen

... erkundet die Welt Tag für Tag ein Stückchen mehr

... tobt, rennt und spielt mit Vorliebe übermütig auf der Weide herum

... begrüßt seine Freunde und uns Menschen schon bald mit einem hellen Wiehern

… verzaubert einfach alle mit seinem Charme und seiner Lebensfreude

Deutsches Reitpony

Tennessee Walking Horse und American Saddlebred

Pferde

sind einfach faszinierend ...

... und aus der Kulturgeschichte des Menschen nicht wegzudenken. Seit tausenden von Jahren ist das Pferd unser Begleiter und trägt Menschen bei der Jagd, in Kriegen oder bei Eroberungen auf seinem Rücken. Geblieben ist die Harmonie zwischen Menschen und Pferden, die Sehnsucht nach Freiheit und Ursprünglichkeit.

Inzwischen gibt es viele unterschiedliche Pferderassen, vom winzigen Minipony, das kleiner ist als mancher Hund, bis hin ...

Mini-Shetlandpony

... zum großen Kaltblutpferd, wie etwa dem Shirehorse aus England. Ganz gleich, welche Rasse man betrachtet, alle Pferde faszinieren uns durch ihre Bewegungen, ihre Kraft und ihre Eleganz.

Shirehorse

Islandpferd

Pinto-Araber

Ganz egal, welche Rasse man betrachtet, Pferde faszinieren uns aufgrund ihrer Bewegungen, ihrer Kraft und ihrer Eleganz. Pferde sind Herdentiere und brauchen zum Wohlbefinden Artgenossen und viel Bewegung an der frischen Luft. Ohne Luft, Licht oder andere Pferde verkümmern ihre wunderbaren Eigenschaften. Wer Pferde in einer Herde beobachten kann, lernt viel über ihr Verhalten und ihr Wesen.

Pferde, die mit anderen Artgenossen aufwachsen, sich bewegen und von der Mutter und anderen Pferden lernen können, haben beste Voraussetzungen für den Umgang mit dem Menschen.

Andalusier

Gut behütet

in Mamas Bauch

Etwa 340 Tage, 11 lange Monate, wächst ein Fohlen im Bauch der Stute heran. Die ersten Monate sieht man der Stute die Trächtigkeit äußerlich noch gar nicht an und sie kann sich vollkommen normal bewegen. Das ist für ein Fluchttier besonders wichtig, damit Muttertiere keine leichte Beute für Raubtiere sind.

Erst im letzten Drittel vor der Geburt beginnt das eigentliche Größenwachstum des Fohlens, der Bauchumfang der Stute nimmt zu und sie wird ruhiger. Gerne döst die tragende Stute nun in der Sonne und vermeidet schnelle Gangarten. In den Tagen vor der Geburt bildet sich das Euter an und die Vormilch tritt ein, manchmal erscheinen winzige Tröpfchen an den Zitzen. Das ist ein Zeichen dafür, dass die Geburt unmittelbar bevorsteht.

Quarter Horse

Mit dem Einsetzen der ersten Wehen wird die Stute unruhig, legt sich hin, steht wieder auf und beginnt zu schwitzen. Werden die Wehen stärker, fängt die eigentliche Geburt des Fohlens an. Bald schon sind die kleinen Hüfchen, noch umhüllt von der bläulich-weiß schimmernden Eihaut, im Geburtskanal sichtbar. Die äußere Fruchtblase platzt und das Fruchtwasser schießt aus der Scheide, das Fohlen selbst ist noch immer gut geschützt von der inneren Einhaut.

Das Köpfchen erscheint und mit den Presswehen wird das Fohlen nun weiter geboren. Die Fruchthülle reißt auf und gibt das Köpfchen frei, mit ein oder zwei weiteren Wehen ist das ganze Fohlen geboren. Die Fruchthülle liegt noch über dem Körper und sieht aus wie eine Wundertüte, durch die Bewegung des Fohlens wird sie bald abgestreift.

Die Stute steht auf und beknabbert liebevoll das neugeborene Pferdekind, leise brubbelt sie es an und das Fohlen kann schon mit einem ersten hellen Wiehern die Mama begrüßen. Beim Aufstehen der Stute reißt die Nabelschnur ab und das Fohlen kann nun ganz alleine atmen. Noch ist alles feucht und etwas knittrig, bald ist das zarte Fohlenfell trocken und das Fohlen wird munter. Um an die leckere Muttermilch zu gelangen, muss das Neugeborene aufstehen. Das ist nicht ganz

einfach und es gibt leider immer wieder mal Fehlversuche. Die langen Beine werden gestreckt, noch ist alles wackelig, und manchmal muss die Mama ein bisschen nachhelfen, sie schubst das Fohlen an und weist ihm den Weg zum Euter. Das zarte Fohlenmäulchen taucht unter den Bauch der Mutter und das Pferdekind trinkt gierig die warme Milch.

Mangalarga Marchador

Mangalarga Marchador

Muttermilch ist in den ersten Lebensstunden absolut wichtig für die Versorgung des Fohlens und für sein Immunsystem. Die so genannte Kolostralmilch ist reich an Eiweißen, Enzymen und Antikörpern und schützt das Fohlen vor Infektionen. In den ersten Stunden findet auch die Prägung des Fohlens an die Mutterstute statt und es ist äußerst wichtig, dass der Mensch diese kleine Mutter-Kind-

Einheit nicht stört und eine mögliche Fehlprägung riskiert. Diese sensible Phase ist nur sehr kurz und für die gesamte Entwicklung des Fohlens wichtig.

Die Stute bewacht und beschützt das Fohlen nun und hat kaum Zeit, sich von der Geburt zu erholen. Wichtig ist, dass das kleine Pferdekind satt und zufrieden ist.

Stolz betrachtet
die Islandstute
Blika ihr gerde
geborenes Hengst-
chen und wiehert
Gleydur leise an.

Islandpferd

Nun muss der kleine Mann die Morgenwäsche über sich ergehen lassen, die Mama leckt ihn und beknabbert liebevoll sein Fell. Gleydur ist schon ein kleiner Kletterkünstler und kann seine langen Beine über den Rücken der Mama stellen.

Islandpferd

Islandpferd

Noch steht die kleine Kashouna etwas wackelig. Es sieht so aus, als würde sie nur aus Beinen bestehen. Bald schon wird sie zulegen und sich zu einem munteren kleinen Stütchen entwickeln.

Paso Peruano

»Willkommen im Leben«, stolz begrüßt die Pferdemama ihr eben geborenes Kind. Die Prägung des Fohlens auf die Mutter ist lebenswichtig.

Mangalarga Marchador

Curly Horse

Wenn die Beine noch etwas zu lang sind, muss man sich manchmal ganz schön beweglich zeigen, um doch ans Ziel zu kommen.

Islandpferd

Mama ist die

Beste

In den ersten Tagen nach der Geburt bleibt das Fohlen dicht bei seiner Mutter, nur ganz kleine Ausflüge in die Umgebung werden gewagt. Aufmerksam wird alles in der Umgebung wahrgenommen, der kleine Racker knabbert an Grashalmen und kann schon ein bisschen Grünfutter verdauen. Die Motorik wird jeden Tag verbessert und schnell kann das Fohlen neben der Mutter hertraben und sogar bereits galoppieren.

Dicht galoppiert die kleine Enya neben ihrer Mutter über die Weide. In den ersten Lebenstagen ist der enge Kontakt zwischen Fohlen und Mutter besonders wichtig.

Lewitzer

Lewitzer

Spielerisch werden kleine Galoppstrecken gemeinsam zurückgelegt, ein gutes Training für ein Fluchttier.

Vollblutaraber

Mangalarga Marchador

Fohlen laufen dabei immer dicht bei der Stute, die im Notfall das Pferdekind auch vor einem Raubtier schützen würde.

Meine Mama ist die Beste ...

... und passt so gut auf mich auf!

Islandpferd

Haflinger

»So eine Mähne ist ein prima Mückenschutz
und steht mir doch wirklich gut«, denkt sich Fangano.

Rocky Mountain Horse

Islandpferd

Sehr selten kommt es bei Pferden zur Geburt von Zwillingen, das erfordert von der Stute besonders viel Kraft, denn sie muss sich um zwei Fohlen kümmern.

Mit einem Zwillingsbruder hat man immer einen tollen Spielkameraden!

Paso Fino

Norwegisches Fjordpferd

Mangalarga Marchador

Wenn meine
Mama so gut auf
mich aufpasst,
träume ich von
Milch, Gras und
vielen Kumpeln.

Mangalarga Marchador

Alles nicht so einfach, auch Trinken will gelernt sein. Von hinten um die Ecke ist es etwas schwierig.

Islandpferd

Alles, was ich zum Großwerden brauche ...

Fohlen müssen Tag und Nacht am Euter der Mutter saugen können. Sie nehmen am Tag etwa 10 % ihres Körpergewichts zu sich. In der freien Natur wird das Fohlen ungefähr im Alter von 10 bis 12 Monaten entwöhnt, spätestens mit der Geburt des nächsten Fohlens ist die Milchbar für es geschlossen.

Sind die Fohlen ein paar Wochen alt, lernen sie auch Wasser zu sich zu nehmen. Das ist am Anfang gar nicht so leicht, schnell taucht so ein Fohlenköpfchen mal bis über die Nüstern in das kühle Nass ein.

Durch die Bewegung und das Herumtollen nimmt die Kondition der Pferdekinder zu, Muskeln und Sehnen werden gekräftigt und ihre Motorik verbessert. Schnell werden die Ausflüge immer länger und die Umgebung neugierig untersucht.

Paso Fino

Ara-Appaloosa

Islandpferd

Saugen und Fressen muss ein Fohlen erst lernen, alles wird beknabbert und auf Verdaulichkeit geprüft.

Während der ersten Lebenswochen hält sich das Fohlen dicht bei seiner Mutter auf, mit zunehmendem Lebensalter vergrößert sich der Radius immer mehr. Es gibt ja auch so viel Interessantes zu entdecken.

Deutsches Reitpony

Schon bald rupft das Fohlen kleine Hälmchen ab und frisst sie. Seine Mutter sowie die übrigen Pferde im Herdenverband zeigen dem Fohlen schnell, was genießbar ist und was es besser nicht anknabbern sollte. Einen sicheren Schutz vor der Aufnahme von giftigen Pflanzen gibt es allerdings nicht. Gras und Kräuter sind gesund und wichtig für die Verdauung und einen ausgeglichenen Vitaminhaushalt.

Ara-Appaloosa

Islandpferd

»Ob man Holz nicht doch fressen kann?« Caya muss es erst einmal wirklich testen. In ein paar Monaten wird sie gelernt haben, was Pferde besser nicht fressen sollten.

Haflinger

Flicka probiert, wie die Apfelblüten schmecken und macht dabei ihren kurzen Hals so richtig lang. Schließlich fressen nicht nur Giraffen von Bäumen ...

»Oh wie herrlich! Das ist hier wie im Schlaraffenland!«

Vollblutaraber

»Autsch! Heckenrosen piksen ganz schön. Dabei sehen die doch so lecker aus!«

Curly Horse

Norwegisches Fjordpferd

Norwegisches Fjordpferd

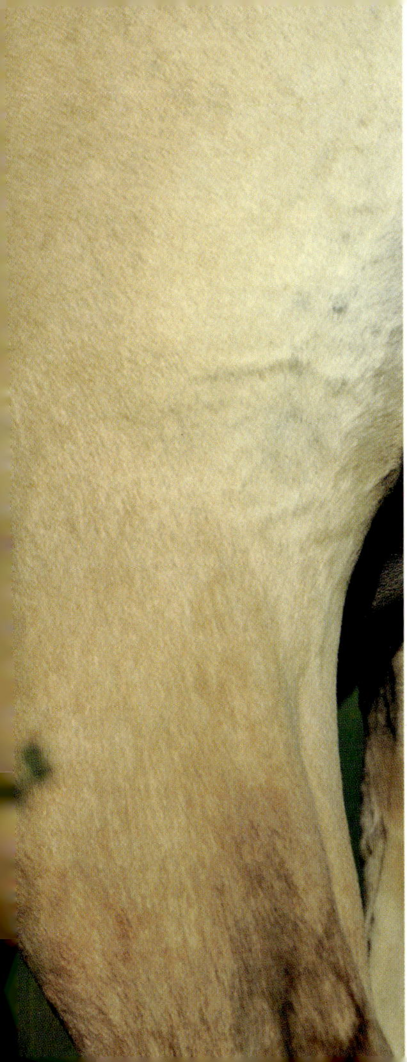

»Ich bin so durstig und muss gleich mal ganz viel trinken. Bei meiner Mama schmeckt es einfach am allerbesten!«

Stutenmilch ist fettarm, schmeckt süß und ist reich an Vitaminen und Spurenelementen. Nur in den ersten 24 Stunden kann der Fohlendarm die für ihn wichtigen Immunglobuline aus der Biestmilch aufnehmen. In den ersten Lebenstagen trinkt ein Fohlen drei bis fünf Liter Milch am Tag. In den nächsten Wochen kann diese Menge auf fast 20 Liter ansteigen.

Paso Fino

Araber-Berber

Ich sehe, höre und rieche einfach

Alles!

Als Fluchttier hat ein Fohlen schon direkt nach der Geburt bestens ausgeprägte Sinnesorgane. Die großen runden Augen sind von langen Wimpern gesäumt und keine Bewegung entgeht dem Pferdekind. Die langen Ohren sind innen dicht behaart und somit vor dem Eindringen von Insekten geschützt. Das Fohlen kann das Rufen der Mutter wahrnehmen und lauscht schon aufmerksam allen Geräuschen in der Umgebung.

Deutsches Reitpony

Mit den kleinen Nüstern kann ein Fohlen bereits sehr gut riechen. Wird ein Geruch besonders intensiv wahrgenommen oder ...

... ist er ihm ganz fremd, zieht es die Oberlippe hoch und entblößt dabei das Zahnfleisch: es »flehmt«.

Islandpferd

Mangalarga Marchador

Die ersten Milchschneidezähnchen brechen bereits einige Tagen nach der Geburt durch, weitere folgen in den nächsten Wochen und Monaten, sodass die Fohlen recht früh beispielsweise Gras abrupfen können. Eine »Eselsbrücke« besagt: Nach sechs Tagen erscheinen die ersten Zähne in der Mitte des Kiefers, dann nach sechs Wochen die nächsten und nach sechs Monaten schließlich die äußeren. Natürlich gibt es immer mal wieder kleine Abweichungen, auch bei den einzelnen Rassen ist der Durchbruch der Zähne durchaus etwas unterschiedlich.

Vollblutaraber

Der kleine Gigolo inhaliert den fremden Geruch und flehmt schon wie ein erwachsenes Pferd. Ganz intensiv nimmt er den Geruch auf.

Vollblutaraber

»Ui, wie riecht denn das?«

Die langen Tasthaare helfen dem Fohlen bei der Orientierung und der Suche nach dem Euter.

Haflinger

Mangalarga Marchador

Fluchttier Pferd: Winnies Augen, Ohren, Nüstern und Mäulchen zeigen es. All ihre Sinne sind bereits voll ausgereift.

Islandpferd

Vollblutaraber

Araber-Berber

Wellness rundum

Ebenso wichtig wie Spielen und Toben ist für ein Fohlen alles, was seine Körperpflege betrifft. Zum Wohlfühlprogramm gehören: Wälzen, Scheuern, sich Beknabbern oder Lecken. An besonders jucken-den Stellen kommen schon mal die Zähnchen zum Einsatz.

Lusitano

Diese Art der Fell- und Hautreinigung ist besonders intensiv in der Zeit des Fellwechsels und wird von jedem Fohlen einzeln, als solitäre Pflege, oder aber auch zwischen Artgenossen, als soziale Fellpflege, durchgeführt.

Gegenseitiges Beknabbern am Mähnenkamm, am Widerrist und an der Kruppe dient der Insektenabwehr, es verstärkt aber vor allem auch die sozialen Bindungen untereinander. Fohlen zeigen dabei ihr »Putzgesicht« mit deutlich nach vorne gestellten Ohren und vorgestreckter Oberlippe, die Einladung zum Partnerputzen.

Islandpferd

Haflinger

Haflinger

Curly Horse

Wälzen ist ein elementares Bedürfnis von Pferden. Zu jeder Jahreszeit, bevorzugt an sandigen oder matschigen Plätzen, wälzen sich Pferde gerne und meist gleich mehrmals hintereinander. Wälzen steckt an: Hat einer damit begonnen, folgen die Herdenmitglieder dem Beispiel und liegen bald ebenso wohlig auf dem Boden. Hinterher wird sich kräftig geschüttelt und gleich noch einmal gewälzt.

Wälzen zählt zum Komfortverhalten der Pferde: Ganz gleich ob im Schnee, im Sand oder im Gras, es ist einfach HERRLICH!

Islandpferd

Lange Haare stehen mir auch nicht schlecht, oder?

Appaloosa

Fliegenschutz Marke Mama: Das hält richtig gut die Mücken fern!

Mangalarga Marchador

Mangalarga Marchador

Mangalarga Marchador

Islandpferd

Manchmal zwickt es am Ohr, manchmal am Bauch oder manchmal auch ganz doll am Rücken.

Mangalarga Marchador

So eine schöne Schnee-wehe lädt geradezu zum Wälzen ein.

Islandpferd

Norwegisches Fjordpferd

In der

Ruhe

liegt die Kraft

Pferde gehören zu den »Mehrfachschläfern« und können häufiger am Tag ruhen oder auch tief schlafen. Am liebsten suchen sie einen trockenen und geschützten Platz auf und dösen einfach im Stehen. Um richtig tief schlafen zu können, müssen sie sich hinlegen und entspannen. Als Fluchttiere müssen Pferde bei Gefahr sehr schnell aufspringen und fliehen können.

Islandpferd

Fohlen genießen den tiefen Schlaf und die Erholung dicht bei ihren Müttern. In der freien Wildbahn schlafen nie alle Pferde einer Herde gleichzeitig, einige dösen nur und bleiben in Alarmbereitschaft, während andere tief schlafen.
Am tiefsten schlafen Pferde zwischen Mitternacht und den frühen Morgenstunden.

Islandpferd

Odin träumt vom wilden Galopp über grüne Wiesen.

Curly Horse

Mangalarga Marchador

Norwegisches Fjordpferd

»Das Fohlenleben ist ganz schön anstrengend, es macht furchtbar müde. Ich muss mich jetzt erst einmal richtig ausschlafen.«

Elana träumt: »Wenn ich groß bin, gewinne ich das Derby!«

Tinker

Norwegisches Fjordpferd

»Oh Mann, bin ich müde, ich brauche jetzt erst einmal ein Mittagsschläfchen.«

»Meine Mama kann mich ruhig als Kissen benutzen,
das hält wenigstens die lästigen Fliegen von mir fern!«

Mangalarga Marchador

Mangalarga Marchador

Appaloosa

Friese

Vollblutaraber

Ganz gleich, welcher Untergrund, Hauptsache der Schlafplatz ist kuschelig und trocken!

Mangalarga Marchador

Eben ist Pedro noch über die Wiese galoppiert, jetzt macht er schnell ein Nickerchen und tankt wieder neue Energie!

Fohlen sind sehr neugierig und erkundungsfreudig, sie besitzen ein enormes Lernvermögen und setzen ihre ausgeprägten Sinneswahrnehmungen gezielt ein.

Ara-Appaloosa

Das Leben ist ein

Abenteuer!

Alles Neue und Unbekannte wird intensiv betrachtet, beleckt, beknabbert oder auch mit den Hufen angetippt oder angestoßen. Bei Wildpferden sind solche Verhaltensweisen überlebenswichtig. Sie dienen dazu, dass die Tiere nicht unnötig fliehen und Gefahren meiden. Das Herdenleben ist dabei sehr vorteilhaft, weil immer einige Tiere wachsam sind und vor Gefahren warnen können, während andere ruhen.

Camargue-Pferd

Für die Fernorientierung werden hauptsächlich Gesichts- und Gehörsinn eingesetzt: Der Kopf ist erhoben, die Augen weit geöffnet, die Ohren gespitzt, die Nüstern weit gebläht und oft ist der Schweif steil nach oben gestellt. Alles am Fohlen, auch seine Körperspannung, signalisiert Fluchtbereitschaft. Zeigt nur ein Herdenmitglied diese Haltung, werden die anderen Fohlen aufmerksam und reagieren auf das Ereignis. Meist schauen sich nach einer ersten Schrecksekunde dann alle Fohlen das Unbekannte gemeinsam an und nähern sich vorsichtig Schritt für Schritt der vermeintlichen Gefahr, immer aber bereit zur Flucht.

Araber-Berber

Die Nahorientierung erfolgt mit noch immer angespannter Körperhaltung, gestrecktem Hals und geweiteten Nüstern. Oft wird der Furcht erregende Gegenstand auch angeschnaubt und intensiv beschnuppert, dem Geruchssinn kommt hierbei eine große Bedeutung zu. Das Objekt wird beleckt oder auch mit den Hufen untersucht.
Die drei Freunde warten geradezu darauf, kleine Abenteuer zu bestehen. Neugierig schauen die Fohlen, wer da wohl kommt.

Haflinger

»Mhhm, das weiße Zeug kann man fressen, obwohl es nicht so gut schmeckt wie Milch«, denkt Hanna.

slandpferd

Araber-Berber

»Also irgendwie riecht der hier anders.«

Fohlen knüpfen durchaus Freundschaften mit anderen Tieren. Meist überwiegt die Neugier und schnell fassen sie Vertrauen zu anderen freundlichen Vierbeinern – wie hier zu der braven Bonny.

Andalusier

Fohlen lernen schnell und saugen alles Neue in sich auf. Jede Abwechslung im Fohlenalltag ist willkommen.

»So, das blaue Ding ist gar nicht mehr gefährlich und man kann damit herrlich spielen!«

Mangalarga Marchador

»Apfelblüten schmecken doch einfach köstlich!«

Norwegisches Fjordpferd

Norwegisches Fjordpferd

Welsh Cob

Quarter Horse

Fohlen genießen es, in einer abwechslungsreichen und artgerechten Haltung aufzuwachsen. Sie können ihr Lernverhalten für das gesamte spätere Leben schon jetzt schulen und ausbauen.

Deutsches Reitpony

Fohlen sind neugierig und haben ein enormes Lernvermögen. Täglich lernen sie von der Mutter, den Artgenossen und Spielgefährten durch Nachahmung. Alles, was die Umwelt an Reizen bietet, wird von ihnen aufgenommen und verarbeitet.

Andalusier

Auch kleine Pferde lernen fürs

Leben

Andalusier

Wächst ein Fohlen in einer reizarmen, langweiligen Umgebung oder in Einzelhaltung auf, wird es Probleme haben, später ein sicheres und ausgeglichenes Reitpferd zu werden.

Haflinger

Deshalb ist es ganz besonders wichtig, dass Fohlen artgerecht aufwachsen, am besten im Herdenverband mit abwechslungsreicher Umgebung. Alles, was sie jetzt über Erkunden und positives Verknüpfen lernen, prägt sie für ihr späteres Leben.

»Hilfe! Mama!, Tante Olanda will mich zwicken.«

Pferdekinder werden auch von anderen Herdenmitgliedern erzogen und lernen schnell, wenn eine Gouvernante nicht so gute Laune hat.

Islandpferd

»Ich liebe es, wenn Mama mich durchknubbelt. Das ist einfach herrlich!«

Mangalarga Marchador

»Schmeckt nicht so wirklich, dieses Holz, aber Mama beißt doch auch rein.«

Norwegisches Fjordpferd

Mutig folgt der kleine Cayman seiner Mutter durch die Fluten. Bleibt die Stute ruhig, lernt auch der kleine Hengst schnell, dass Wasser nicht gefährlich ist.

Mangalarga Marchador

Islandpferd

Die drei Islandhengstchen Bleikur, Neisti und Vindur überlegen schon mal, was sie heute so alles anstellen könnten.

Tinker

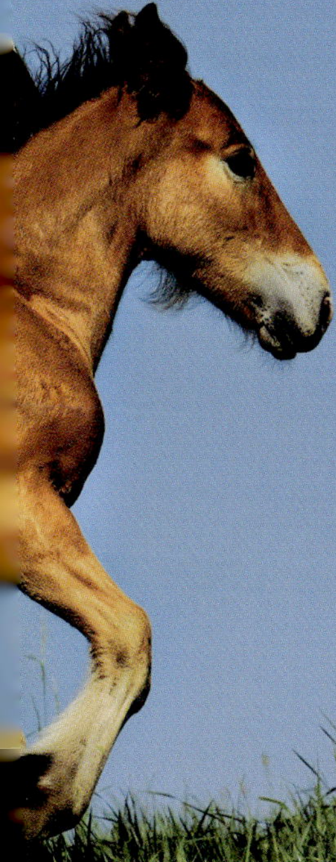

Im Pferde-

Kinder-garten

Ganz gleich, welcher Rasse sie angehören, Pferde sind Lauftiere und brauchen täglich die Möglichkeit, sich frei und ausgelassen zu bewegen. Wildlebende Pferde bewegen sich viele Stunden am Tag vorwiegend im Schritt, um Futter- oder auch Wasserstellen aufzusuchen. Nur bei Gefahr, beim Spielen oder bei Rangkämpfen traben oder galoppieren sie.

Dartmoor Pony

Fohlen bauen Muskeln auf und trainieren alle Organe mit ihren Renn- und Bewegungsspielen. Am liebsten toben sie mit gleichaltrigen Freunden über Weiden und Wiesen. Spielen, Rennen und Toben sind lebenswichtig für junge Pferde. Im Spiel wird die Basis für ein gutes Sozialverhalten gelegt. Schon junge Hengstfohlen üben sich in Kampfspielen und toben sich dabei so richtig aus, kleine Stütchen rennen lieber um die Wette oder üben sich im Fellkraulen mit der Freundin.

Dartmoor Pony

American Saddlebred

Manchmal spielen Fohlen auch mit sich alleine oder mit Gegenständen, trainieren Fluchtverhalten – und ab und an muss auch die Pferdemama als Spielkameradin herhalten. Fohlen, die artgerecht aufwachsen, viel Bewegung und gleichaltrige Spielgefährten um sich haben, haben beste Voraussetzungen für ein glückliches Pferdeleben.

»Wenn keiner mit mir spielt ...

Mangalarga Marchador

... versuch ich's mal mit Mama.«

Islandpferd

»Wir stehen hier Schlange und warten und warten und warten…«

»Da mach ich mir einen Knoten in die Beine und schau mal, ob ich dadurch schneller werde!«

Mangalarga Marchador

Tarib ist der Allerschnellste und trainiert schon fleißig seine Kondition.

Pinto-Araber

Islandpferd

Islandpferd

»Wenn ich groß bin, werde ich Zirkuskünstler!«

Und ab geht die Post!

Mini-Shetlandpony

Mangalarga Marchador

Früh übt sich, was ein Hengst werden will.

Islandpferd

Trio Infernale

Islandpferd

Beste

Freunde

Fohlen brauchen Artgenossen, am idealsten andere Fohlen gleichen Geschlechts, zur Entwicklung eines gesunden Sozialverhaltens und um sich richtig wohl zu fühlen. Kleine Hengste spielen dabei wilder und robuster untereinander als Stütchen. Am besten können Fohlen toben, spielen und voneinander lernen, wenn sie in größeren Gruppen aufwachsen. Oft entstehen dabei richtige kleine Pferdefreundschaften.

Norwegisches Fjordpferd

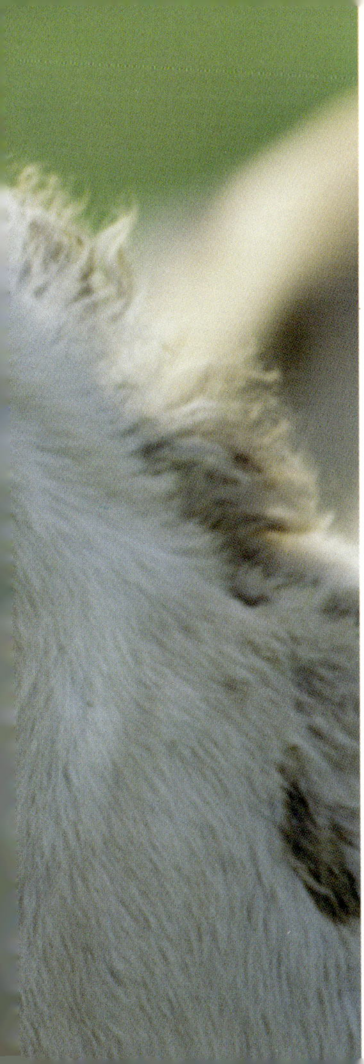

Mit einem Freund wie diesem
kann man durch dick und dünn
gehen oder sogar Pferde stehlen!

Islandpferd

Islandpferd

Friese und Island-Pferd

Küssen kann man nicht alleine!

Islandpferd

Araber-Berber

Mangalarga Marchador

»Josi, du bist einfach meine allerbeste Freundin.«

Mangalarga Marchador

Mangalarga Marchador

Vollblutaraber

Welsh Pony

Welsh Pony

Wir drei sind uns einig ...

Tinker

... und hecken gerne gemeinsam etwas aus.

Deutsches Reitpony

Wenn ich groß bin, sehe ich so aus: RASSEN IM ÜBERBLICK

American Saddlebred

Herkunft: USA
Stockmaß: 1,51–1,63 m
Farben: vorwiegend Füchse und Braune
Haupteinsatz: Gangpferd, Schaupferd
Eigenschaften: elegantes Pferd mit exotischer Ausstrahlung. Mittelgroßer, trockener Kopf mit kleinen, sichelförmigen Ohren. Der Hals ist extrem hoch angesetzt, lang und weist eine starke Aufrichtung aus. Kräftiger Rücken mit gerader, kurzer Kruppe. Der lange, hoch angesetzte Schweif wird durch einen operativen Eingriff dem Zuchtideal angepasst. Um eine besondere Schweifhaltung zu erzeugen, werden den »Show-Saddlern« die Muskeln an der Unterseite der Schweifrübe durchtrennt, dadurch wird der Schweif unnatürlich hoch getragen. Die Beinaktion ist besonders hoch und spektakulär. Temperamentvolles, sensibles Pferd mit fleißigem Charakter.

Andalusier oder PRE (Pura Raza Espanola)

Herkunft: Spanien
Stockmaß: 1,55–1,62 m
Farben: häufig Schimmel, auch Falben, Braune, Rappen, sehr selten Füchse
Haupteinsatz: Freizeit, Dressurpferd bis zur Hohen Schule, spezielles Schaureiten
Eigenschaften: muskulöses, kompaktes Pferd mit harmonischer Oberlinie und großer Eleganz. Edler, trockener Kopf mit geradem oder konvexem Profil, kräftiger Hals, kurzer Rücken, Gänge mit viel Aktion. Andalusier sind gelehrig, menschenbezogen, mutig und charakterstark. Im Ursprungsland wird die Zucht streng kontrolliert.

Appaloosa

Herkunft: Nordamerika, Idaho
Stockmaß: 1,42–1,65 m
Farben: alle außer Plattenschecken, charakteristische Schabrackzeichnung
Haupteinsatz: Freizeitpferd, Wanderreiten, Westernreiten
Eigenschaften: quadratisches Pferd mit kleinem Kopf, wachen Augen, sehr gut bemuskelt, abfallende Kruppe. Die unterschiedlichsten Tigerzeichnungen sind von Schabracktiger über Volltiger oder auch Schneeflocke genau definiert. Appaloosas sind ausdauernde, leistungsbereite und sehr menschenbezogene Allrounder. Vor allem ihre Ruhe und Gelassenheit machen sie zum beliebten Familienpferd.

Araber-Berber

Herkunft: Algerien, Marokko, Tunesien
Stockmaß: 1,50–1,60 m
Farben: 90 % Schimmel, aber auch Füchse, Rappen, Braune, Falben und alle anderen Farben
Haupteinsatz: Freizeitpferd, Distanzreiten, Westernreiten, in Marokko Rennpferd
Eigenschaften: harmonisch, im Quadrattyp stehendes Pferd mit edlem Kopf, dieser kann gerade oder auch leicht konvex sein. Elegantes Gebäude mit raumgreifenden Gängen. Sehr nervenstark, sanftmütig und leistungsbereit. Hohe Bereitschaft, eine enge Mensch-Pferd-Beziehung einzugehen. Langlebiges und genügsames Vollblutpferd.

Camarque Pferd

Herkunft: Südfrankreich
Stockmaß: 1,35–1,50 m
Farben: Schimmel
Haupteinsatz: Freizeitpferd, Wanderreitpferd, Westernreiten, Hirtenpferd
Eigenschaften: kompaktes, eher kurzes Pferd mit zum Teil ramsnasigem Kopf, kleinen Ohren und kurzem Hals. In der Camarque leben diese Pferde noch halbwild, sind genügsam, robust und sehr langlebig. Mit geschlossenen Nüstern sind sie in der Lage, unter Wasser zu fressen und so auch in den Sümpfen der Camarque zu überleben. Freundlicher und unkomplizierter Charakter.

Connemarapony

Herkunft: Irland, Connemara
Stockmaß: 1,38–1,55 m
Farben: alle außer Schecken, häufig Schimmel und charakteristische Falben
Haupteinsatz: Freizeitpferd, Turnierpony, Dressur- und Springreiten, Wanderreiten, Fahren
Eigenschaften: wohlproportioniertes Pony mit trockenem Kopf, großen Augen, mittelgroßen Ohren und kräftigem Gebäude. Verfügt über durchaus gute Grundgangarten und oft großes Springvermögen. Gutmütige, vielseitige und robuste Ponys mit teilweise nicht einfachem Temperament. Gehfreudig und freundlich.

Curly Horse

Herkunft: USA, Nevada
Stockmaß: 1,40–1,65 m
Farben: alle
Haupteinsatz: Freizeit- und Westernpferd, für Allergiker geeignet
Eigenschaften: Curlys haben schräg stehende schmale Augen mit langen Wimpern. Typisch ist ihr gewelltes bis stark gelocktes Fell, auch Mähne und Schweif sind gewellt und werden zum Teil beim Fellwechsel komplett abgeworfen, um dann wieder nachzuwachsen.
Aufgrund der besonderen Fellstruktur reagieren Menschen mit Pferdehaarallergien bei Curlys nicht allergisch. Sie sind robust, zuverlässig und lernen schnell. Ihre Nervenstärke und Freundlichkeit machen sie auch bei Nicht-Allergikern zu beliebten Familienpferden.

Dartmoor Pony

Herkunft: Südwest-England
Stockmaß: 1,16–1,27 m
Farben: meist Rappen und Braune ohne Abzeichen, selten Füchse oder Schimmel
Haupteinsatz: aus dem einstigen Gruben- und Farmpony wurde ein beliebtes Kinderreitpony. Es wird auch zur Biotoppflege eingesetzt.
Eigenschaften: kräftiges, kompaktes Pony mit harten, festen Hufen, kleinem Maul und dichtem Langhaar. Dartmoors sind freundlich, genügsam, robust und ausdauernd.

Friese

Herkunft: Westfriesland
Stockmaß: 1,55–1,75m
Farben: ausschließlich Rappen ohne Abzeichen
Haupteinsatz: Fahr- und Reitpferd, Show- und Zirkuspferd
Eigenschaften: großrahmige Rappen mit kräftigem Hals und imposantem Langhaar, auch mit Behängen an den Beinen (Kötenbehang). Ursprünglich als Fahrpferde gezüchtet, wurden durch die Einkreuzung iberischer Pferde ihre Dressureigenschaften verbessert. Inzwischen werden viele Friesen als imposante Show- und Dressurpferde vorgestellt. Dabei können die kraftvollen, zuverlässigen und sanften Rappen durchaus bis zu Lektionen der Hohen Schule ausgebildet werden.

Deutsches Reitpony

Herkunft: Deutschland
Stockmaß: 1,38-1,48 m
Farben: alle
Haupteinsatz: Dressur- und Springreiten, Freizeitreiten, Fahren
Eigenschaften: Deutsche Reitponys kommen vom Exterieur edlen Warmblütern sehr nahe, allerdings sind sie deutlich kleiner. Häufig verfügen sie über einen hohen Anteil arabischen Blutes und haben ähnliche Eigenschaften wie Araber: kleine, edle Köpfe mit großen Augen und Nüstern, edle Hälse und gute Fundamente. Im Sporteinsatz erzielen sie bedeutende Leistungen und sind beliebte Turnierponys. Sie sind liebenswürdig, temperamentvoll und leistungsbereit.

Haflinger

Herkunft: Südtirol
Stockmaß: 1,38–1,52 m
Farben: Füchse, meist mit typischem hellem Langhaar, seltener auch Kohlfüchse, häufig Blesse und Abzeichen am Kopf
Haupteinsatz: vielseitiges Sport- und Freizeitpferd, Verwendung auch als Saum-, Fahr- und Arbeitspferd im landwirtschaftlichen Einsatz oder bei leichten Holzrückearbeiten
Eigenschaften: kräftiges Pony mit edlem Kopf, breiter Stirn und großen Nüstern. Haflinger sind genügsam, leichtfuttrig und auch in schwierigem Gelände trittsicher. Sie sind leistungsbereite und nervenstarke Ponys, durch Einkreuzung arabischen Blutes zum Teil außerdem recht temperamentvoll.

Islandpferd

Herkunft: Island
Stockmaß: 1,30–1,48 m
Farben: alle Farben außer Tigerschecken
Haupteinsatz: Freizeitpferd, Gangpferdereiten, Wanderreiten
Eigenschaften: freundliches, robustes und lebhaftes Kleinpferd, das auch kräftigere Erwachsene gut tragen kann. Viele Islandpferde verfügen über die Gangarten Tölt und Pass und sind daher bei Gangpferdefreunden sehr beliebt. Der Isländer ist ein elegantes Kleinpferd mit ausdrucksvollem Kopf und meist wunderschönem Langhaar. Er ist gehfreudig, ausdauernd und sehr genügsam. In Island leben Isländer noch in großen Herden in fast unberührter Natur.

Lewitzer

Herkunft: Mecklenburg-Vorpommern
Stockmaß: 1,30–1,48 m
Farben: hauptsächlich Tobianoschecken
Haupteinsatz: Freizeit- und Kinderreitpferd, Wanderreitpferd, Therapiepferd und Fahrpferd
Eigenschaften: großer, trockener Kopf, leicht konkav, große Augen und Ohren, kräftiger Hals teilweise mit Unterhals, kompakter Rumpf mit starken Beinen. Raumgreifende, taktsichere Gänge. Lewitzer sind robust, genügsam, umgänglich und freundlich. Sie sind langlebig und verfügen über ein schnelles Regenerationsvermögen sowie eine große Leistungsbereitschaft.

Lusitano

Herkunft: Portugal
Stockmaß: 1,55–1,65 m
Farben: alle Grundfarben
Haupteinsatz: Dressurreiten, Hohe Schule, Showreiten, Freizeitpferd
Eigenschaften: mittelgroßes, quadratisches Pferd mit geradem Kopf oder ramsnasig, leicht abfallender Kruppe, besitzt raumgreifende Gänge. Lusitanos sind gelehrig, menschenbezogen und sehr talentiert für Dressurlektionen bis hin zur Hohen Schule. Sie gelten als treu und nervenstark.

Mangalarga Marchador

Herkunft: Brasilien
Stockmaß: 1,40–1,57 m
Farben: alle
Haupteinsatz: Hirtenpferd, Freizeitpferd, Gangpferd, Showpferd
Eigenschaften: elegantes, kompaktes Pferd mit der typischen Marcha, einer dem Tölt verwandten Gangart. Edler Kopf im iberischen Typ mit großen Augen und wachen Ohren. Schräge Schulter, trockene Gelenke. Mangalarga Marchadores gelten als freundlich, sanft und in sich gefestigt.

Mini-Shetlandpony

Herkunft: Großbritannien
Stockmaß: maximal 0,87 m
Farben: alle
Haupteinsatz: Kinderpony, Zirkuspony, Zierpony
Eigenschaften: eigentlich unterscheidet sich das Mini-Shetlandpony von seinen größeren Artgenossen, den Shetlandponys, nur im Stockmaß. Die intelligenten Ponys sollten gut ausgelastet und beschäftigt werden, als reine Zierponys verlieren sie ihre Robustheit und ihre wunderbaren Charaktereigenschaften verkümmern.

Missouri Foxtrotter

Herkunft: Missouri, USA
Stockmaß: 1,42–1,63 m
Farben: alle
Haupteinsatz: Gangpferd, Freizeitpferd
Eigenschaften: Zuchtziel sind die Gangarten Canter, eine Drei-Takt-Gangart, Flatfoot-Walk, ein Viertakt-Gang mit flacher Fußfolge, Foxtrot, ein diagonaler Gang im Vierschlag, und ein geschmeidiger Galopp. Der Walk ist ein Viertaktgang und entspricht dem Schritt.
Der Kopf des Missouri Foxtrotters ist edel mit kleinen, aufgerichteten Ohren und großen klaren Augen. Sein Rumpf ist kompakt und muskulös mit klaren, trockenen Beinen. Diese Pferde sind intelligent, ausdauernd und trittsicher, leistungsbereit und lernfreudig.

Norwegisches Fjordpferd

Herkunft: Norwegen
Stockmaß: 1,35–1,48 m
Farben: Falben, manchmal Zebrastreifen an den Beinen, sonst keine Abzeichen
Haupteinsatz: Freizeitpferd, Wanderreiten, Fahren
Eigenschaften: kräftiges Kleinpferd mit großen, ausdrucksvollen Augen, kleinen Ohren, kurzem Hals, kräftigem Rücken, stabilem Fundament. Die meist zweifarbige Mähne wird oft stufig als Stehmähne geschnitten. Fjordpferde sind robust, genügsam, ausgeglichen, gelehrig und sehr langlebig.

Paint Horse

Herkunft: USA
Stockmaß: 1,42–1,58 m
Farben: Schecken
Haupteinsatz: Westernreiten, Freizeitpferd, Wanderreitpferd, Showpferd
Eigenschaften: kleiner, edler Kopf mit wachem Auge und kleinen beweglichen Ohren, langer Hals, guter Widerrist, kräftige, muskulöse Hinterhand, trockene und sehnige Beine. Farblich werden je nach Variante Tobianos, Overos und Toveros unterschieden. Paint Horses sind wendige, freundliche und willige Pferde mit gutmütigem Charakter. Sie eignen sich neben dem Westernreiten für viele Freizeitbereiche.

Paso Fino

Herkunft: Kolumbien, Puerto Rico, Hispaniola
Stockmaß: 1,40–1,55 m
Farben: alle
Haupteinsatz: Freizeitpferd, Gangpferd, Showpferd, Wanderreitpferd
Eigenschaften: mittelgroßes Pferd im iberischen Typ, Kopf mit geradem Profil, muskulöse Kruppe, feingliedrige Beine mit harten Hufen.
Ausdauernder, angenehmer Tölt als Hauptgangart. Paso Finos sind sensibel, nervenstark, arbeitsfreudig und leistungsbereit. Wichtiges Zuchtziel ist »Brio«: Energie, Arbeitseifer und Willigkeit oder auch Spritzigkeit.

Paso Peruano

Herkunft: Peru
Stockmaß: 1,42–1,55 m
Farben: alle außer Schecken
Haupteinsatz: Freizeitpferd, Gangpferd, Showreiten, Wanderreiten
Eigenschaften: trockener, kleiner Kopf, manchmal leicht konvex, kräftiger Hals mit meist dichter Mähne, elegantes Gebäude. Hohe Bewegungsaktion, ausdauernder, weicher Tölter. Paso Peruanos sind intelligent, sensibel, freundlich und stolz, dabei äußerst nervenstark und willig.

Pinto-Araber

Herkunft: USA
Stockmaß: etwa 1,50 m
Farben: Tobiano-Schecken
Haupteinsatz: Westernreiten, Showreiten, Freizeitpferd
Eigenschaften: Führt zu über 90% Vollblutaraberanteil. Wie beim Arabischen Vollblut edler, konkaver Kopf mit breiter Stirn, großen Augen und Nüstern, die Ohren sind sichelförmig.
Wünschenswert sind bei weißer Grundfarbe große Scheckplatten in allen Farben, die typische Tobiano-Färbung. Wie ihre Stammväter sind Araber-Pintos intelligent, menschenbezogen, ausdauernd, leistungsbereit und vielseitig.

Quarter Horse

Herkunft: USA, Kanada
Stockmaß: 1,45–1,60 m
Farben: alle Farben außer Schecken
Haupteinsatz: Westernreiten, Freizeit- und Wanderreitpferd, Ranchpferd, (alle Diszipline, beliebtes Westernturnierpferd), Showpferd
Eigenschaften: edler Kopf mit kleinem Maul und kleinen Ohren, breite Stirn und mittellanger Hals, kräftiges, muskulöses Fundament, sehr wendig und trittsicher. Quarter Horses sind ruhig, freundlich, sensibel, nervenstark und leicht trainierbar, daher echte Allrounder und beste Familienpferde.

Rocky Mountain Horse

Herkunft: Amerika, Kentucky
Stockmaß: 1,40–1,60 m
Farben: bevorzugt Braune
Haupteinsatz: Freizeit- und Wanderreitpferd, Gangpferde
Eigenschaften: ausdauerndes, trittsicheres Pferd mit Töltveranlagung. Trockener, kleiner Kopf mit feinen Ohren, langer Hals und schräge Schulter. Oft schokobraun mit hellem Langhaar. Genügsames, freundliches und ausgeglichenes Pferd mit starker Ausstrahlung.

Tinker

Herkunft: Großbritannien, besonders Irland
Stockmaß: 1,35–1,60 m
Farben: alle, Plattenschecken bevorzugt, keine Albinos
Haupteinsatz: Zug- und Reitpferd, Freizeitpferd
Eigenschaften: Tinker sind starkknochige Pferde im Kaltbluttyp mit dichtem Fesselbehang.
Sie sind muskulös, haben eine breite Kruppe und häufig einen Ramskopf. Sie sind genügsame, verlässliche Pferde mit ausgeglichenem Charakter, manchmal können sie auch etwas stur sein. Durch ihre Charakterstärke eignen sie sich als Zug-, Familienreit- oder Therapiepferde.

Vollblutaraber

Herkunft/Ursprungsland: Arabische Halbinsel
Stockmaß: 1,45–1,60 m
Farben: Schimmel, Füchse, Braune, Rappen, Schecken werden toleriert
Haupteinsatz: ausdauerndes Reitpferd, Distanzsport, Wanderreiten, Shows
Eigenschaften: elegantes Vollblutpferd mit edlem, konkavem Kopf, großen Augen und Nüstern. Sensibles, freundliches, genügsames und lebhaftes Pferd. Durch Jahrhunderte lange Selektion der Beduinen auf Zuverlässigkeit und Menschenbezogenheit ist bis heute der einmalige Charakter des Arabers erhalten geblieben.

Welsh Cob

Herkunft: Wales, Großbritannien
Stockmaß: 1,45–1,55 m
Farben: alle außer Schecken
Haupteinsatz: vielseitiges Familienpony, Fahrpony, Freizeit- und Wanderreitpferd
Eigenschaften: kraftvolles, muskulöses Pony mit gutem Fundament, bestem Springvermögen und ausgeglichenem Charakter. Ausdauernd und freundlich, ein echter Allrounder.

Welshpony

Herkunft: Wales/Großbritannien
Stockmaß: nach Sektion A: bis 1,22 m, B und C: bis 1,37 m, D: 1,45–1,55 m
Farben: alle außer Schecken und Tigerschecken
Haupteinsatz: je nach Sektion Reit- und Fahrpferd, Kinderreitpony
Eigenschaften: sie sind elegante, freundliche, intelligente, gehfreudige Ponys mit besten Grundgangarten und großem Springvermögen. Sie haben einen edlen, ausdrucksstarken Kopf und einen langen Hals. Ihre schwungvollen Gänge und ihr imposantes Langhaar machen sie auch zu beliebten Dressur- und Showponys.

Islandpferd

Paso Fino

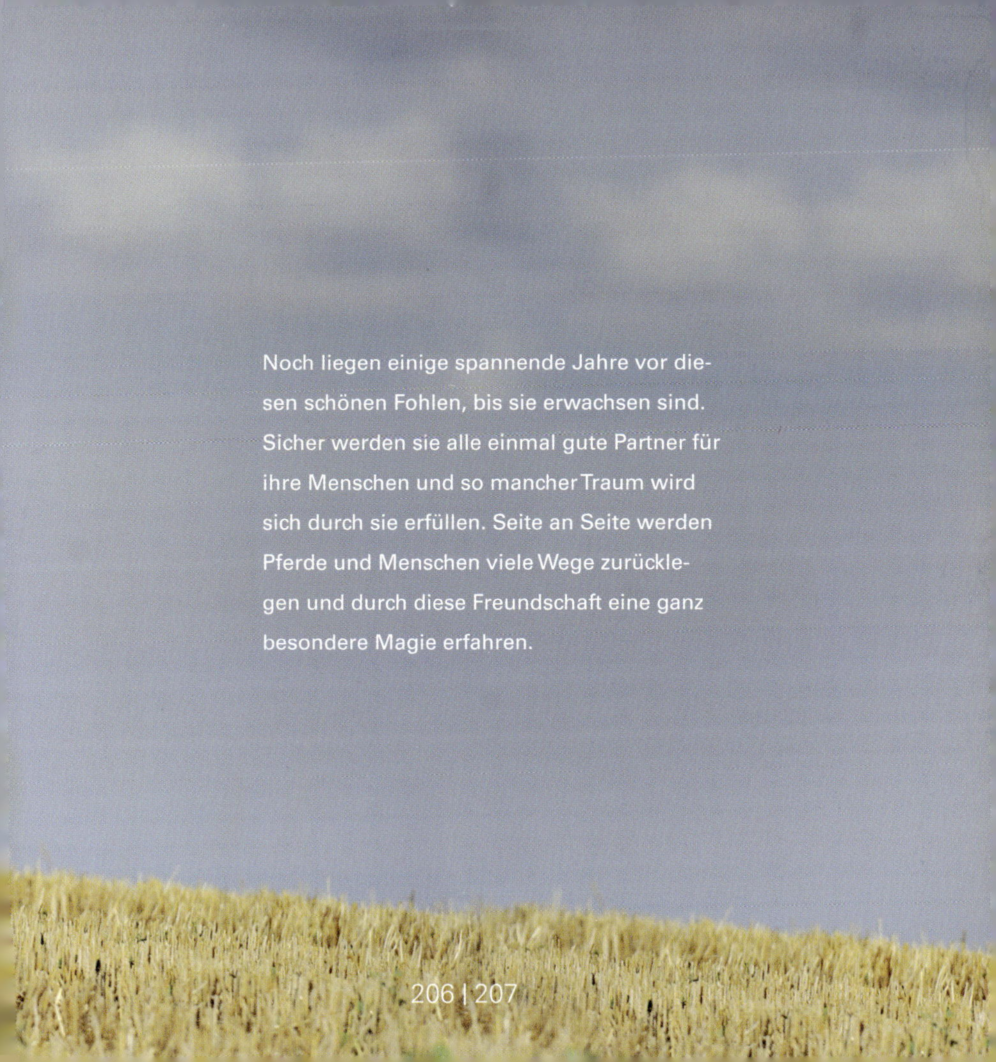

Noch liegen einige spannende Jahre vor diesen schönen Fohlen, bis sie erwachsen sind. Sicher werden sie alle einmal gute Partner für ihre Menschen und so mancher Traum wird sich durch sie erfüllen. Seite an Seite werden Pferde und Menschen viele Wege zurücklegen und durch diese Freundschaft eine ganz besondere Magie erfahren.

208 Seiten, Format 140 x 140 mm
ISBN 978-3-275-01813-0
€ 9,95/sFr 14,-/€ (A) 10,30

208 Seiten, Format 140 x 140 mm
ISBN 978-3-275-01848-2
€ 9,95/sFr 14,-/€ (A) 10,30